U0300834

筑境

中国精致建筑100

普陀山佛寺

丁承朴 撰文 摄影

中国建筑工业出版社

出版说明

中国是一个地大物博、历史悠久的文明古国。自历史的脚步迈入新世纪大门以来，她越来越成为世人瞩目的焦点，正不断向世人绽放她历史上曾具有的魅力和光辉异彩。当代中国的经济腾飞、古代中国的文化瑰宝，都已成了世人热衷研究和深入了解的课题。

作为国家级科技出版单位——中国建筑工业出版社60年来始终以弘扬和传承中华民族优秀的建筑文化，推动和传播中国建筑技术进步与发展，向世界介绍和展示中国从古至今的建设成就为己任，并用行动践行着"弘扬中华文化，增强中华文化国际影响力"的使命。从20世纪80年代开始，中国建筑工业出版社就非常重视与海内外同仁进行建筑文化交流与合作，并策划、组织编撰、出版了一系列反映我中华传统建筑风貌的学术画册和学术著作，并在海内外产生了重大影响。

"中国精致建筑100"是中国建筑工业出版社与台湾锦绣出版事业股份有限公司策划，由中国建筑工业出版社组织国内百余位专家学者和摄影专家不惮繁杂，对遍布全国有历史意义的、有代表性的传统建筑进行认真考察和潜心研究，并按建筑思想、建筑元素、宫殿建筑、礼制建筑、宗教建筑、古城镇、古村落、民居建筑、陵墓建筑、园林建筑、书院与会馆等建筑专题与类别，历经数年系统科学地梳理、编撰而成。本套图书按专题分册，就其历史背景、建筑风格、建筑特征、建筑文化，结合精美图照和线图撰写。全套100册、文约200万字、图照6000余幅。

这套图书内容精练、文字通俗、图文并茂、设计考究，是适合海内外读者轻松阅读、便于携带的专业与文化并蓄的普及性读物。目的是让更多的热爱中华文化的人，更全面地欣赏和认识中国传统建筑特有的丰姿、独特的设计手法、精湛的建造技艺，及其绝妙的细部处理，并为世界建筑界记录下可资回味的建筑文化遗产，为海内外读者打开一扇建筑知识和艺术的大门。

这套图书将以中、英文两种文版推出，可供广大中外古建筑之研究者、爱好者、旅游者阅读和珍藏。

目录

普陀山佛寺

在浙江省以东的海域里，有千余座大大小小的岛屿星罗棋布。这里有中国最大的群岛——舟山群岛。在舟山群岛的东部，有一座面积仅12.9平方公里的小岛，南北纵长6.7公里，东西最宽处4.3公里。这是一座丘陵起伏的山岛，岛上山峰不高，环境清幽蔚秀，古人在岛上修建了大量的佛教寺庙庵堂。这座拳石小岛便是驰名中外的佛教胜地普陀山。

普陀山位于群岛的外沿，面临太平洋，无垠海天，碧波浩瀚。海上遥望山岛，似沧海中的一颗绿宝石，地形奇异，植被繁茂，曲折蜿蜒的海岸伸展出一片片金色的沙滩，白浪似练，簇拥在山岛的四周。

普陀山自古以来即为东渡日本、南下东南亚各国的海上要道，与大陆的联系也全仗舟楫之利。古时行舟全赖风力，但此处海域除靠风力外，更借助于潮水涨落之力。如今乘坐普通的游船从宁波出发只要4—5个小时即可到达。山岛由花岗岩丘陵构成，主峰佛顶山海拔291米，向四面

图0-1 普陀山东南海滨
普陀海岛的东南一带景色秀美，海水清澈，视野开阔，古时称这一带海域谓东大洋。远处小岛为洛迦山，面积仅0.45平方公里。岛上有圆通禅院、妙湛塔等佛教建筑，还有龙泉古井、仙桥、水晶宫等景点。

绵延。地势北高南低，北坡陡峻，北岸多淤泥，南坡平缓，多奇石林木。南岸和东岸迂回曲折，形成多处洁净的沙滩，海水清澈，景色秀美。由碧水、金沙、山林构成的自然环境，真似佛经中描述的西方净土世界："纤秽不存，以黄金为地，宝树重重"。

自古以来，岛上建造了大量的佛教建筑，其中普济寺、法雨寺、慧济寺规模宏大，被称为三大寺，另有许许多多的庵堂禅林、佛教茅篷（一种供退休的老僧尼居住修行的小型建筑）。这些佛教建筑大多分布在山岛的东南坡，有的就在小镇上。小镇位于岛的东南部，这里是普陀山最大的佛寺普济寺的所在地。镇上人口不多。如今开设了许多小饭馆和旅店，多利用旧有的民居或庵堂。

图0-2 海滨双联亭／上图
在几宝岭东端。附近有仙人井、朝阳洞、朝阳阁等。亭之南面是百步沙，北面是千步沙。

图0-3 锦屏山麓／下图
锦屏山的主峰为光熙峰，在佛顶山以东。其东南山坡较平缓，中部凹陷如盆地状。古樟茂林，奇岩异石，似"锦屏"环列，故名。为法雨寺之座山，由此往东、往南分布了许多庵堂、茅棚。

图0-4 普陀山全图

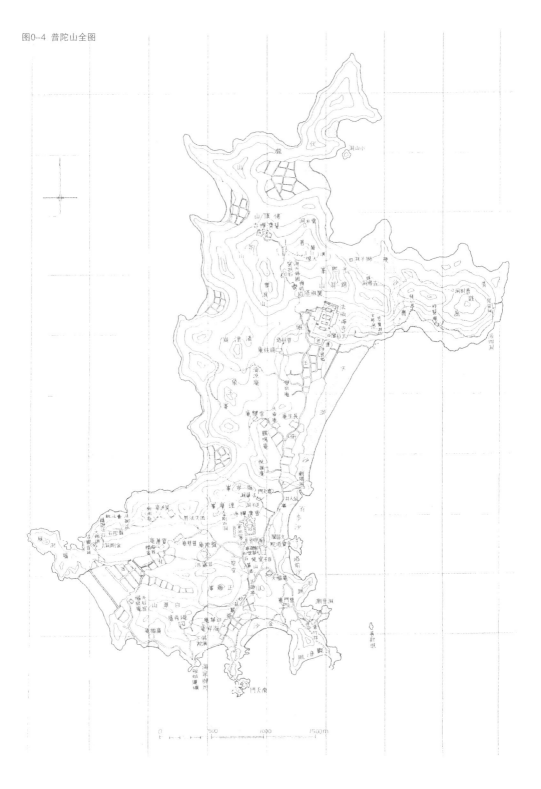

普陀山属温带海洋性气候，夏无酷暑，冬无严寒。夏季平均气温26.9℃，冬季平均气温5.5℃。温湿的气候适宜植物生长，岛上植被覆盖面积达75%以上，主要是亚热带阔叶林。寺庙附近多种植香樟。至今，树龄在百年以上的尚存一千余棵，可见古时寺庙之多。

普陀山环境清静优美，历来是参禅修行的好地方，加之交通便利，从而使这里的佛寺大量兴建，历久不衰，成为中国最大的观音道场，并与五台、九华、峨眉齐名，统称为中国四大佛教名山。

图0-5 普陀山地理位置图
普陀山位于舟山群岛的外沿，面临太平洋，无堤海天，碧波浩瀚，地形奇异，植被繁茂

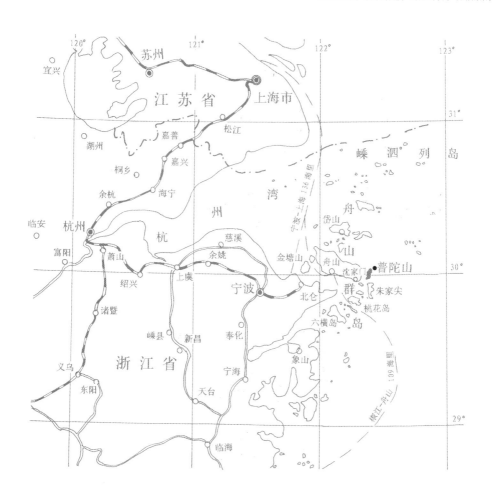

一、寻古溯源　开山之始

传说在唐朝以前，有天竺国（即今印度）僧人来到这里，在潮音洞里燃指虔求，终于使观音大士现身，并授给他七彩宝石，云云。皆系传说无可考证，不足为信。然而，普陀山与佛教的关系，的确是从观音菩萨开始的，并与日本僧人有关。唐代，日本国先后派遣多批僧人到中国交流佛教文化。日本著名高僧慧锷就曾三次入唐。慧锷第三次来中国是在862年。他在中国过冬，于第二年四月由明州（今宁波）乘船回国。在归途中遇到大风迷失航向，漂流到普陀附近的莲花洋，海中暗礁（或说大鱼）阻碍船只行驶，误认作铁莲花阻舟前行，以为是观音大士不肯离开这里，便靠岸登陆，观音像就这样留了下来。当地一位居民张氏捐出自己的宅院房舍将观音像供奉起来，这就是普陀山第一座寺院"不肯去观音院"的由来。

图1-1 潮音洞

在观音跳山北麓，紫竹林前岩石丛里。每遇风浪，海潮涌入洞中，飞珠喷沫，声若轰雷。相传唐大中年间，有天竺国僧人来山，在潮音洞朝拜观音菩萨。唐代日本僧人慧锷东渡遇风，捧观音像也是从这里登岸。

观音像留在普陀山是偶然的原因，而普陀海岛清幽的环境、优美的风景、便利的海上交通却是天赐地设的自然条件。除此之外，还有社会文化与时代的背景。佛教自汉代从印度传入中国以来，便与中国文化相结合，例如，观音菩萨的形象即是端庄高雅的中国女性。佛经中说，观自在菩萨修行于南海的小白华山中，一般俗称"南海观世音"。这里所说的南海小白华山是在印度，毕竟太遥远了，于是，中国古代的佛教徒们便想在中国找到她的住处。舟山群岛虽然在东海海域，而古代中国以黄河流域为中心，长江以南统称南方，舟山一带海域也被称作南海。于是普陀山便成为南海观世音菩萨的住所了。

到了宋代，普陀山有了一定声誉。乾德五年（967年），宋太祖赵匡胤曾派遣太监上山进香。以后各代皇帝多有拨款赐赠，建筑规模日益扩充。至神宗元丰三年（1080年），改院为寺，皇帝赐名"宝陀观音寺"。

1127年宋室南渡，建都临安（今杭州），偏安于长江以南。南宋152年间，江南一带物丰民富，表面上也是歌舞升平，一派繁荣景象。但是，强敌在北虎视眈眈，随时可能挥戈南下。因此，一种不安、离乱、怀旧的情绪普遍存在于社会各阶层，需要精神寄托。观音菩萨俗称"救苦救难"、"大慈大悲"，有三十二化身，适应不同的善男信女，可见其社会基础是极广泛的。

图1-2 不肯去观音院

唐代，日本僧人慧锷乘船行至莲花洋海面遇风登岸后，欲将观音像留在普陀山。当时这里还没有佛教建筑，一家姓张的居民捐出宅院作为供奉观音之所，这就是最初的不肯去观音院。此院后迁至普济寺处。今院系1980年重建的。

图1-3 菩萨墙

在海印池南岸，雍正御碑亭之南、东两方均有照壁，南壁书："南无观世音菩萨"，东壁书："观自在菩萨"。相传大士悲智双圆，从悲则称观世音，从智则称观自在。

　　南宋年间，普陀山发展很快。嘉定七年（1214年），宁宗赵扩赐"圆通宝殿"匾额，并指定普陀山为专供观音的场所。这样，自唐咸通四年第一尊观音像入山开始，历经三百余载，普陀山终于成为四大佛教名山之一。

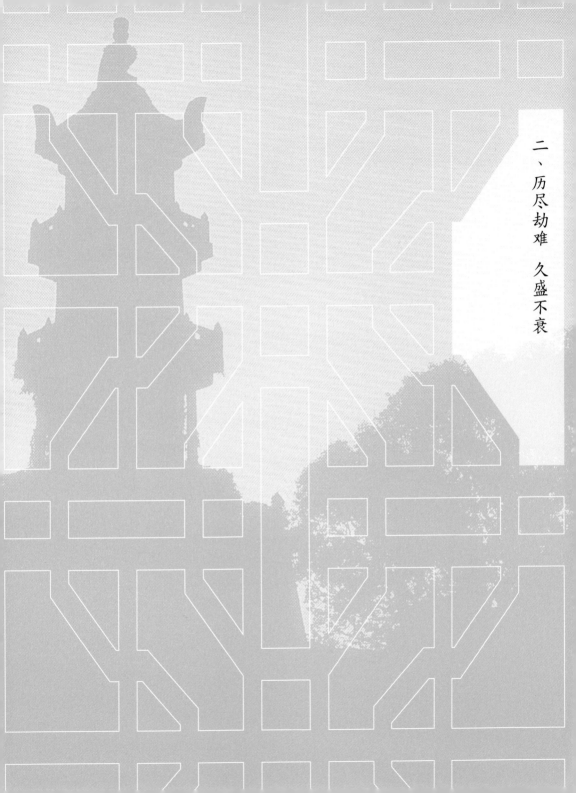

二、历尽劫难　久盛不衰

自唐代咸通四年（863年）第一尊观音像上山，供奉于民居之中，成为开山之始，至916年五代后梁时修建了"不肯去观音院"，从此有了专用殿宇和僧人，逐渐发展起来。南宋时，普陀山成为观音道场，声望和规模都已可观。

元代97年（1271—1368年）间山上寺庙少有扩建，但仍以宝陀观禅寺为主，统领全山。元统皇帝的太子宣让王赞助建造的多宝塔，也称作太子塔，是岛上现存最古的建筑物。太子塔是一座三层石塔，平面呈正方形，建造在双层石台上。

明代初年实行海禁。洪武十九年（1386年）皇帝命大将汤和焚寺迁民，共焚毁殿宇三百余间，仅剩下一座铁瓦殿，留下一僧一仆守奉香火。此后冷落了百余年。明正德年间，普陀山有个名叫淡斋的僧人四处化缘，在潮音洞南面修建了二十多间殿宇，将铁瓦殿也整修一新。但是，几年之后，沿海一带遭受倭寇纷扰，皇帝派总督胡宗宪将主要殿宇迁到镇海以东的招宝山，将其余殿宇僧舍都焚毁了。到了万历年间，倭患平息，普陀山得到皇上资助，寺庙殿宇得以恢复，香火又旺盛起来。

在清代初年，原先盘踞在台湾的荷兰人被郑成功赶走，流窜沿海一带劫掠，曾先后两次上普陀山，毁像取宝，把历代皇帝颁赐的金佛、银钵、珍宝、法器洗劫一空。山上大大小小的佛寺庵堂无一幸免，就连海潮寺的大钟也

图2-1 太子塔
又名多宝塔，始建于元代，后经多次修葺。塔
平面呈方形，三层，立于重台之上，台座宽
舒，塔身修直，风格独特。

历尽劫难　久盛不衰

筑境　中国精致建筑100

图2-2 紫竹林禅院
庵院在潮音洞近旁，旧名听潮庵。明末僧人照宁创建，清雍正年间重修，道光年间改称今名，后屡有修葺扩建。大殿重檐歇山，蓝琉璃瓦，门前雕栏石砌，虽为新筑，仍不失古朴典雅。

被抢去了。为了平息流寇海盗，康熙十年实行海禁。每次海禁都伴随着焚寺迁民之灾，殿宇焚毁，僧民搬迁，普陀山变成了空芜的海岛。十余年后，海域稍事安宁。1689年康熙南巡时，批准定海总镇黄大来关于修复普陀山寺庙的奏请，颁赐白银千两资助，十年后再次拨款修寺，同时赐给御笔"普济群灵"匾额于宝陀观音寺，"天花法雨"匾额于护国镇海禅寺。从此，这两座寺庙的名字便改为普济寺和法雨寺。不论是建寺的年代还是所处的位置，都是普济寺在前法雨寺在后，所以俗称普济寺为"前寺"，法雨寺为"后寺"。

此后数十年间，是普陀山发展较快的时期，除了扩建这两座主要的寺庙外，还兴建了不少的庵堂、茅篷等。这些庵堂和茅篷都分别从属于两个主寺。佛顶山上的慧济寺创建于明代，最初叫慧济庵，清康熙年间重修，乾隆年间扩庵为寺，与普济、法雨合称为普陀山三

图2-3 法雨寺天后阁

建于雍正九年。天后者，海之神也。天后阁建于佛寺者不多见，主持僧法泽以山在海洋，礼佛者多从舟楫来寺，而寺内又未奉有天后香火，遂建此阁。天后阁在寺之东南隅，取"紫气东来"之义。

图2-4 法雨寺玉佛殿/后页

在圆通殿前，原建筑是雍正年间的，为安放雍正御碑而建，所以又叫雍正御碑殿，后改名为玉佛殿。现供奉一尊白玉释迦牟尼像，是1985年从北京永乐宫请来的。该殿为重檐歇山顶，四周做廊轩，廊轩的梁枋雕镂精致。

历尽劫难 久盛不衰

筑境 中国精致建筑100

大寺。19世纪末至20世纪初，上海十里洋场兴起，海上交通发达，赴普陀山的香客与日俱增。至1937年抗日战争前夕，全山计有三大寺、八十八庵堂，一百二十八茅蓬，僧众三千余人。

抗日战争时期，社会动荡，民不聊生，普陀山的香火也随之衰微。1949年后，社会发生剧变，普陀山难免受到冲击，1966年所有佛像法器摧毁殆尽，僧尼被迫还俗，一切佛事活动停止了。1979年以后，宗教政策得以落实，山上百废待兴。遂修葺殿宇，雕塑佛像，逐渐恢复佛教盛地面貌。

在旅游业发达的今天，普陀山已作为"佛教名山为特色的海岛风景胜地"广为海内外知晓，游客香客摩肩接踵。同时，对于普陀山古建筑的保护及"海天佛国"清幽境界的维持，则引起了有关方面的注意。

图2-5 普济寺御碑殿
即康熙御碑殿，为五间重檐歇山顶，黄琉璃瓦。殿之两侧围墙辟东西便门各一，逢大典启用殿门，平时皆由便门出入。殿中置有3米高、1.2米宽的红石制碑，上勒康熙御笔碑记。系1984年重刻。

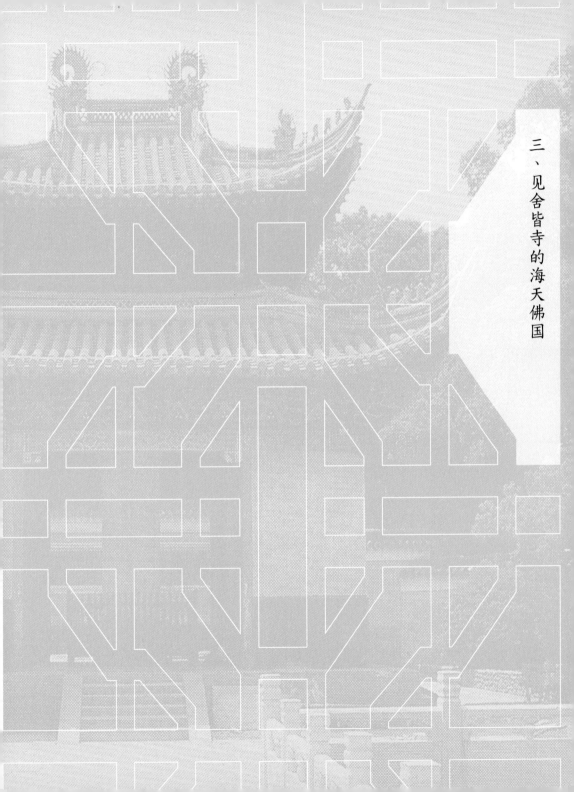

三、见舍皆寺的海天佛国

普陀山可谓拳石小岛，但是这里自古以来逐年建起的佛寺之多却是举世无双的。至1985年，岛上尚有三大寺、六十一庵堂、四十处茅篷、一座多宝塔，寺庵分布的密度堪称四大佛山之最，平均每平方公里5座，峨眉、九华、五台诸山的寺庵密度均不到每平方公里1座。古时曾将岛上居民都迁走，香客一般不在岛上过夜，尤其妇女不得在岛上留宿，真可以说是"见舍皆寺、遇人即僧"，俨然"海天佛国"之境界。

寺院、庵堂和茅篷都是僧人咏经念佛、供奉佛像的场所，也是他们生活居住的地方。其中以佛寺的等级最高。寺这个名称最初是与佛教无关的，古代有些官署以寺来称呼。东汉年间佛教传入中国，当时从印度来了二位法师迦叶摩腾和竺法兰住在鸿胪寺，鸿胪寺在当时是接待少数民族和外宾的场所。传说白马寺就是鸿胪寺改建而成的。后来，"寺"就成了我国佛教建筑的专用名词了。

"院"是属于寺的一部分，所以常常把"寺"和"院"联称"寺院"。也有单独用院这个名称的，在普陀山就有不少，例如，息耒禅院、洪筏禅院等。

"庵"与"寺"是有隶属关系的，但是庵有相对的独立性，可以单独募化和接待香客。

"堂"和"阁"原来是指寺内的部分建筑，例如，法堂、讲堂等。在普陀山有独立

图3-1 法雨寺天王殿

天王殿是法雨寺中轴线上第一座殿宇，高踞于重
台之上，前面有广阔的前庭，面对照壁，气势
巍峨。殿之通面阔28.5米，重檐歇山顶，青瓦黄
墙。两侧配以尺度合宜的东西山门，使之更显得
安稳庄重。

图3-2 普济寺鼓楼/后页

在普济寺山门内的第一进院落里，正中为天王
殿，东西两侧相对建有钟、鼓二楼，二者性质体
量基本相同。平面为10.5米的正方形，外观是重
檐歇山楼阁式。底层屋檐宽舒，上面三层屋檐上
下对直，没有收分，整个造型耸直刚健。

普陀山佛寺

见舍皆寺的海天佛国

筑境 中国精致建筑一〇〇

图3-3 普济寺圆通殿观音像
圆通殿为观音菩萨的正殿。殿内观音坐像6.5
米高，置于1.8米的须弥座上。两侧置三十二
应化身佛像。殿内光线幽暗，唯借门窗透进的
微弱光线及烛光，方能看清佛像。

的堂和阁，例如，报本堂、积善堂、文昌阁等，其等级相当于庵，一般只有一个山门和一个佛殿。

普陀山的庵堂，有些是给有功绩的法师退休养性之所，如隐秀庵、息耒禅院、逸云庵等。有些是得到达官巨商的赞助而兴建的，如五华庵、杨枝庵、文昌阁等。有些是僧人募资创建的，如普慧庵、慧济庵等。至晚清期间，这许多庵的当家和尚都与三大寺有关，法统相传，脉络分明。

至于茅篷，则一切仰给于主寺，一般屋宇较少，3间或5间，仅供一尊佛像。20世纪初，普陀山计有128座茅篷，其中属于普济寺管辖的就有72座，法雨寺管辖的有51座。

图3-4 从几宝岭遥望东南山麓

这里的绿树翠荫中，分布了众多的庵堂禅院，古老的玉堂街经过这里。从东至西有长乐庵、鹤鸣庵、大乘庵、双泉庵、杨枝庵等。

寺内僧人有严格的等级制度和规矩法度。寺主为一寺之主，俗称方丈。根据寺院的规模大小和僧人众寡，设置的机构和供职人员各有差异。一般在方丈之下分列东西两序：西序有首座、西堂、后堂、知客……东序有监院（俗称当家和尚）、副寺、维那……其下还有塔头、钟头、鼓头、饭头、菜头等，都是各管一处、各司一职的人。

图3-5 普济寺御碑亭

在普济寺前海印池之南，建于清雍正年间。平面方形，重檐歇山式屋顶，檐下出五踩斗栱。亭中竖有雍正御碑，汉白玉造，上勒雍正皇帝所书普济寺碑文。

四、从这里登上佛界净土

图4-1 短姑胜迹

"短姑道头"即古时的码头，现在的码头也在近旁。这里有菩萨显灵的传说。岩石上有 "短姑古迹"、"同登觉岸"、"乐土" 等题刻。

自古至今，普陀山的入山路径始自海岛南端，如今的游船码头就建造在这里。在码头附近有 "短姑道头" 古迹。短姑道头为入山第一境，曾是古时的泊船码头。朝山进香的人们从此处踏上佛界净土，经过漫长的香道，到达一个个佛寺庵堂。昔日这里有一座木牌坊，题额 "海天二梵"，现已不存。现存的琉璃牌坊是1919年建造的，钢筋混凝土结构，仿清式三间四柱七楼形式。牌楼题联："一日两度潮可听其自来自去；千山万重石莫笑他无觉无知"。牌楼之后为回澜亭，三间四柱歇山顶，清代光绪年间建造。

南岸一带地势平缓，石板路伸展面前。沿路前行经过海岸庵，在路的东侧有矮墙，黄色墙面，顶覆青瓦，墙中镶有 "入三摩地" 碑刻，为明代书法家董其昌手笔。再往前行，可见一条青石板铺砌的山路。拾级而上，两侧石壁叠垒，藤葛相附，古拙朴实，似乎就要进入

图4-2 海岸牌坊

在短姑道头东，1919年建造，琉璃顶，仿清代三间四柱七楼式，实为钢筋混凝土结构。牌楼题联："一日两度潮可听其自来自去；千山万重石莫笑他无觉无知"等。牌坊之后有回澜亭、歇山顶，清光绪年间所建。

超尘脱俗的佛界净土。这条上山的石板路正是普陀山的主香道妙庄严路。路口两侧石柱上刻有对联"金绳开觉路；宝筏渡迷津"，也是董其昌的手笔，更增加了佛国入境的宗教气氛。

短姑道头地处海岛南端。这一带地势平缓，视野开阔，伸向海中的低矮山丘将海岸分成一片片沙滩。翠林金沙，碧波苍天，令人感到海岛仙山就在眼前。从短姑道头往东不远，便是南天门。这是一座天然石门，孤峙海滨，只有落潮时才与海岸相连。后人建造了环龙桥。

从南天门往东，有一片洁净柔细的沙滩，名曰金沙。攀上金沙东边的石矶，便是观音跳圣迹的所在。在临海的一块巨石上有一个凹坑，形似脚印。传说当初观音从洛迦山跳至普陀山开辟观音道场，在石头上留下了这个脚印。与观音跳相邻的名胜还有紫竹林、不肯去观音院、潮音洞等。

再说短姑道头这一名胜古迹的由来。传说古时候有姑嫂二人乘船泛海来山礼佛，将船停泊在这里。正欲上岸，不巧小姑月经来潮。依当时的佛教礼俗，身有不洁便不可登岸。嫂

图4-3 妙庄严路南段/对面页

自短姑道头石牌坊沿路前行不远，过海岸庵，有一段低矮墙垣，上面镶有"入三摩地"碑刻，再往前行，路口两侧石柱上刻有"金绳开觉路；宝筏渡迷津"对联，皆系明代书法家董其昌手笔。

筑境 中国精致建筑100

图4-4 妙庄严路中段
过白华庵后，路沿山坡上行，沿途古
木参天，绿荫覆地，遥望东南，碧波
金沙，浩渺海天，颇有踏径探幽之
感，宗教气氛始浓。

图4-5 南天门

在南山，短姑道头西，是一座天然石门，孤峙海滨。南山俗称杨梅跳，潮落始通，后建环龙桥。门前为东大洋。清康熙二十五年定海总兵蓝理率部在此抗敌，书"山海大观"四字，并题诗。

子与艄公上岸进香，到中午还未归来，潮涨路绝，小姑留在船中，又饥又渴，心中焦急。正翘首等待，看见一位中年妇女，身着灰白长衫，手提竹篮，缓步向这里走来。行至岸边，叫小姑将船划过来，但小姑不会划船。妇人随手将岸边鹅卵石一块块投掷水中，踩着石块来到船边，将篮中的饭菜给小姑吃了，又踩着石块上岸，飘然而去。傍晚时分，嫂子和艄公回来，小姑告诉他们中年妇人送饭之事，并将所剩饭菜给他们看了。嫂子心知有异，问了妇人的去向，顿时领悟，立即返回庙里。当她叩谢观音大士的时候，看见观音像的裙边还是湿漉漉的。

五、祈福进香的清幽路径

普陀山环境清幽蔚秀，佛寺众多，如何让香客游客自然地到达各个佛寺庵堂和名胜古迹，是十分重要的。巧妙布局的香道解决了这个问题。古时香道是香客们朝山进香的路径，如今也是游客们到达各景点的途径。香道与寺庵的关系如同佛家之念珠，有珠无线则不能成串。

普陀山三大佛寺以一条主香道相连。这条长10余华里的香道分为三个主要段落，即妙庄严路、玉堂街、香云路。妙庄严路是主香道的南段，从短姑道头开始，到普济寺为止，全长3华里左右。早在明朝时候有个和尚名叫朗彻，是白华庵的住持僧，他见崎岖的山路行人多有不便，发愿修路，广为募化，节衣缩食，披荆斩棘，开山凿石，历时四年完成。整条路都用石板铺成，每隔数丈镶有一块镂刻莲花的方石板，花的姿态各不相同，灵巧生动。沿路上行至坡顶，有一座过街亭，名为正趣亭，亭内有"海上仙山"篆刻碑碣。过了正趣亭，路

图5-1 正趣亭

沿着石板铺砌的妙庄严路从南至北上行，在坡顶有一座过街亭，从前叫"坐坐亭"，后改名"正趣亭"。亭内有《海上仙山》篆刻碑碣，文中描述了山岛的环境："古木撑云，交景垂荫，翠峰环映，怒浪鸣空。"

转斜下，两旁古木参天，虬枝蜿垂，辗转来到山下，豁然开朗，只见赤壁金顶，古樟苍翠，莲池清波，古桥塔影。这里就是普济寺的所在地了。

普济寺这儿形成了一座小镇，镇上有一条古老的商业小街，沿街北去不远，路西是洪筏禅院，过了洪筏禅院就出了小镇，踏上玉堂街了。从这里到法雨寺将近五华里。过洪筏禅院出街隘，路边巨石为障，石上镌刻"震旦第一佛国"。东为几宝岭，奇石突兀，摩崖石刻及佛龛甚多，有仙人井、朝阳洞等名胜古迹。北有观音峰、东天门、法华洞等遗迹，有待开发修复。巨石东南为百步金沙，沙滩绵细纯洁，是一处天然的海水浴场。由此处极目远眺，碧波万顷，海天一色，洛迦山犹如一片扁舟，游

图5-2 普济寺前石牌坊
在海印池南，御碑亭西。从妙庄严路至此，经过石牌坊，再过御碑亭、八角亭到达山门，为人寺之正道。牌坊北侧立一石碑，上书："文武官员军民人等到此下马"，相传是钦命"文官下轿武官下马"之处。

◎馆境 中国精致建筑100

图5-3 海会桥
在法雨寺前莲池上，清光绪
十八年（1892年）法雨寺
僧化闻建，造型优雅，石栏
板上有生动浮雕。沿玉堂街
行至此地，折北过海会桥，
穿古樟林，人天后阁，为晚
清入寺主要通道。

弋天际。越过几宝岭，路往北折，樟林葱郁，
松柏迎人，恬静的林间小径曲折延伸，一路经
过长生庵、悦岭庵、大乘庵、杨枝庵，抵达法
雨寺。

玉堂街是明代万历年间修筑的。当时，法
雨寺一位和尚如珂，募化集资，将原先的泥泞
土路筑成了石板小径。如珂师傅字玉堂，后人
念其功德，以玉堂作为街名，以示纪念。

从法雨寺的西侧，穿过一片古樟林，走过
雨瀑桥，有一条攀山石径，拾级而登，可达佛
顶山的慧济寺。这条山径名叫香云路，是清朝
光绪年间慧济寺的文正、庆祥二位和尚募资修
建的。香云路是主香道的最终一段。山路时陡
时缓，夹道林木繁茂苍秀。泉水淙淙，鸣禽啾
啾。这里的宗教气氛极为浓厚，虔诚的善男信
女往往是三步一叩，五步一拜，直至山顶慧济
寺，拜谒佛祖。

图5-4 云扶石/上图

在慧济寺南，菩萨顶下，香云路经此。两石相累，下石
倾斜欲坍，上石凌空昂立。上石镌有"云扶石"三字，
下石镌有"海天佛国"四字。

图5-5 慧济寺前的香道/下图

坐落在白华顶上的慧济寺，是香云路的终端。香云路始
自法雨寺西侧，山路陡缓相间，林木苍秀，环境清净幽
深。时有虔诚香客沿着石阶三步一叩，拜登佛顶。

半山中有香云亭，供人小憩。身在亭中凭栏远望，海天融融，旷达神怡。过了香云亭继续上行，山势变陡，景色多变。将到山顶时，忽见巨石凌空。若逢阴雨天气，山雨欲来，云缠雾绕，巨石忽隐忽现，变幻无常，如若云雾扶持一般，故名云扶石。云扶石下有巨石相承，石壁上镌刻"海天佛国"四个大字，为明代大将侯继高题书。绕过云扶石，道路变窄，石阶变得陡峻难行。奋力攀登，不久即到达平缓的山顶，慧济寺就在眼前了。寺的东侧是白华顶，也叫菩萨顶，是全岛的制高点，海拔291米，古时建有一座天灯阁，作过往船只的航标。

妙庄严路、玉堂街、香云路首尾相接组成了一条主香道，贯穿着三大寺，把前山、中山、佛顶山三个区域内的庵堂禅院、名胜古迹巧妙地融合成了一个整体。自古以来，每逢佛

图5-6 西香道西端
西香道始自前寺之四磐陀庵一带，石板路蜿蜒攀上梅岑峰，沿途经过普慧庵、圆通庵、梅岑庵、磐陀石等，再沿山脊转下，过二龟听法石，最终抵达观音古洞。

图5-7 西天门

在梅岑峰南，西香道上。这里有两石对峙，上盖方石，形同石门。门上有横题"西天法界"四字，门东侧的耸峭石壁上有着"寰海镜清"、"证菩提道"等题刻。

教节日，来山礼佛的善男信女络绎不绝，灯烛香烟，热闹非凡，特别是农历二月十九、六月十九、九月十九，这三天传说是观音菩萨诞辰、出家、得道的日子，更是香客如云，通宵达旦。

如今，从普济寺至法雨寺的玉堂街已被一条公路替代。虽然交通便捷，但昔日玉堂街的幽静古貌却失去大半。玉堂街尚有部分保留下来，只是年久失修，人们很少从那里走了。

除了主香道外，还有三条辅助香道，东线、西线和南线，分别通往许多禅院和庵堂，也联系着全山名胜古迹和自然风景。其中以西线最为重要，从普济寺往西经过普慧庵，到达西天门。过西天门，登上梅岑峰，抵达圆通庵，再沿山脊往西，不远即到著名的梅福禅院。再往前行，来到山脊西端，即是磐陀石和说法台的所在。由此折南而下，沿着临海陡峭的山脊，经过二龟听法石，到达观音古洞。从观音洞下山，到达一片小小的平原，名叫司基湾。由司基湾往东北方向沿大路经过磐陀庵、息耒禅院等处，返回普济寺。南线从普济寺前的多宝塔往南沿海而行，经过塔前沙海滩即可踏上海岛东南角的观音跳山，这里有观音跳圣迹，还有不肯去观音院、紫竹林、潮音洞等。东线从法雨寺往东，越过飞抄岙，直达梵音洞。

六、奇山异石多圣迹

普陀山地形奇异，植被繁茂，地理位置处于群岛外沿，面临浩瀚的太平洋，富于诗意的清幽环境是佛门弟子参禅修行的好地方。岛上山峦起伏，丛林曲洞，洞壑井泉，变幻莫测。经历代达官文人和佛门大师题字赐名，赋予宗教文化的含义，寄寓了人的审美想象力，使大自然的意境得以升华。

海岛总的地势是南面平缓，北面陡峻，从南至北山峰高度递增，有正趣峰、灵鹫峰、达摩峰、象王峰等，至佛顶山为最高点。正趣峰在岛的南端，其南面平缓的山坡和山麓建有白华庵、海岸庵等，庵前有妙庄严路通过。灵鹫峰在普济寺后，海拔101米。山顶上有三块石头，参差交错，宛如一只大鸟，昂首尖嘴，站

图6-1 灵佑洞平面图
在梅福庵内。洞中寒气袭人，清泉淙淙，洞外有炼丹井。相传在西汉时候有炼丹家梅福来山居洞炼丹，是为庵名的由来。

图6-2 灵佑洞立面图/上图

灵佑洞外以毛石墙护砌，门上方刻有"灵佑洞"三字，石墙背依苍藤翠木的山崖，前面有一长方形小院，院中有一口炼丹井，令游人香客怀古幽思，浮想联翩。

图6-3 梅福禅院山门/下图

旧名梅福庵、梅岑庵，在梅岑峰顶南面。山门前有青石板路，西至磐陀石，东经圆通庵转下，可至普慧庵、磐陀庵。庵内"灵佑洞"相传为汉代梅子真炼丹处。

筑境 中国精致建筑100

立在那里。达摩峰在灵鹫峰以西，高度与之相近。山顶上有一块巨大的石头竖立着，远远地望去就像一位年迈僧人背着包袱，欲向西方行走。达摩峰以西是梅岑峰，比达摩峰略高，山脊似马鞍状东西伸展。山势也是南面平缓北面陡峻，山坡上广植马尾松。相传西汉时炼丹家梅福（又名梅子真，梅岑）曾在山上的灵佑洞隐修炼丹，山名由此得来。山上有座"梅福禅院"，也是为纪念梅福而取名的。佛顶山是全岛的主峰，海拔近300米。山势陡峻，但山顶却较平坦，古时建有一座石亭，里面供奉一尊石佛，后来扩建成了较大的佛寺，即现在的慧济禅寺。

岛上许多岩石形状奇特，古人起了具有佛教含义的名字，耐人寻味。例如，西天门北的圆通岩、西天门东的文殊岩、观音峰后的佛手岩等。

在梅岑峰西端有一块圆形的石盘，体量巨大，下面承托在宽广而微微凸起的石台上，这就是著名的磐陀石。距磐陀石西北数十米处为说法台石，相传观音大士曾在此讲经说法。就在说法台西南不远的斜向山脊上，有两三米长的两块怪石，形状酷似沿着岩壁向上爬行的两只海龟，其中一只已爬上岩顶，回头张望着，另一只正伸长头颈奋力攀登。两只龟前后呼应，形态生动，惟妙惟肖。这两块岩石叫二龟听法石。相传有东海、西海两个龟丞相听了观音说法，不肯回海，经观音点化而成的。在西天门外有一块巨大的"心"字石。这是沿山

0 0.5 1 1.5 2m

图6-4 梅福禅院山门立面图

明万历年中由如迥住持创建。初名"梅仙
庵"，后改为"梅岑禅院"。清光绪年扩
建成现在规模，为"梅福庵"。

图6-5 二龟听法石

在磐陀石西南，沿石崖峭壁有两三米长的两块怪石，酷似攀壁而上的海龟，一只蹲伏岩顶回首观望，一只沿石直上昂首挺颈。相传有东海、西海两龟丞相听了观音说法，不肯回海，经观音点化而成。

坡平卧的山岩，石面平坦宽广，可容数十人坐卧，上面刻了一个巨大的"心"字。佛徒们说这是观音菩萨传授释迦的"说心法"时留下的。这块石头就成了佛门弟子上"西天"礼佛的必经之地了。

普陀山有许多天然生成的洞穴。这些花岗岩地质的洞穴是由地壳变动或海潮冲刷而成的，虽不似溶洞般深邃，却也别有情趣。比较有名的洞穴有梵音洞、潮音洞、朝阳洞、法华洞、观音洞、灵佑洞等。

梵音洞在海岛的最东端，面临太平洋，碧波浩渺，极目天际。洞口在危峻的峭壁之下，

图6-6 "心"字石

在西天门之西南，有一块巨大的岩石平卧在山坡上，石面平而阔，上刻一个巨大的"心"字。佛徒说是观音菩萨传授释迦的"说心法"时留下的。

图6-7 梵音洞/对面页
在青鼓磊正东，面临大洋。洞口峭壁危峻，高数十米，洞中幽暗深邃，洞底通海。每逢涨潮，海浪涌入洞中，击岩之声如龙吟虎啸，雷霆怒兴。这里有观音显灵的传说。

如同将石壁劈开，形成石门，外口较宽广，洞内渐狭窄，幽暗深邃，神秘莫测。洞底通海，海潮涌入洞中，撞击岩石之声似龙吟虎啸，雷霆怒兴。此处建有梵音洞庵。梵音洞是普陀山最有名的洞穴，佛徒们认为这里是观音显灵的地方。相传在元世祖至元八年（1271年），忽必烈派军队南下，有一员大将名叫哈喇，勇敢善战而生性粗暴。他听说梵音洞里观音显灵，将信将疑，于是乘船前往看个究竟。海上遇到一位渔民，哈喇厉声问路，渔民顺手一指，船即驶到山脚下。只见山下有一洞，高数十丈，宽数丈，洞顶青云飘忽，洞腰烟雾袅袅，洞下海浪翻腾，别有一番世界。哈喇正凝望这奇异景色，忽有两只海鸟从洞中飞出来，随之闪过一道金光，出来两个小和尚朝哈喇笑了笑，又转身进去了。哈喇见状大怒，拔箭射向洞中，许久不见动静，就上船准备起航。但船只丝毫不动，搁在铁莲花上，再看山洞，忽见白衣大士由童子引路，从眼前走过，转眼就消失了。哈喇后悔不已，立刻向大士礼拜，表示悔悟。不一会儿铁莲花散去，船可以起航了。哈喇此时不敢离去，上岸走进一座寺院内，下拜礼佛时，看见观音大士前的香炉上插着一支箭，拔下一看，箭上有"哈喇之箭"四字。哈喇惊恐不已，感叹观音大士神通广大。

所谓梵音洞"观音现身"之说，是因为在幽暗的洞壑之中，时而可见洞壁上的岩石纹理，有些似头巾，有些如手臂、面孔……再加上人们的想象，就构成了整体的佛像，好似在虚无缥缈之中，时隐时现，时近时远。

图6-8 梵音洞上的佛殿

梵音洞现有的庵院佛殿皆为1979年后海内外佛教信徒捐资重建的。计有殿堂、厢房等26间，建筑面积600多平方米。大殿建造在洞前的丛岩峭壁之间，游人香客至此可凭栏观望幽深的洞穴。

潮音洞在观音跳山北麓，自岩顶至洞脚高十余米，每当潮水涌入洞中，撞击翻腾，飞珠喷沫，飘洒数十丈远。相传这里是唐朝时候日本僧人慧锷捧观音大士像登岸处，所以此处有"不肯去观音院"。梵音洞、潮音洞是普陀十景之一"两洞潮声"的所在。

七、碧海金沙　仙井清泉

在几宝岭下有一座仙人井,并建有仙井庵。仙人井有一丈多深,有石阶可下到井底,井水清醇甘美,久旱不涸,常年无增减。井内寒气侵骨,即使盛夏季节也不能久留。令人不解的是这里离海近在咫尺,入地又深,井水却清醇甘美。相传战国时葛玄、东晋时葛洪、秦代安期生等人曾在此炼丹,取用井水。民间皆称这些炼丹术士为"仙翁",这座井也就叫作仙人井了。

然而仙人井的来历却还有别的说法。很久以前,有一位农夫住在几宝岭南面的山坡上。在他的茅屋旁边有一个水潭,是老人生活的水源。有一天,山上走下一个穷和尚,衣衫肮脏,脚上生有烂疮,走路一拐一瘸,来到潭边讨水喝。老人说:"水潭是菩萨赐的,人人可喝。"接着就从屋里取出一个白瓷碗,递给和尚。和尚接过白瓷碗,不忙于解渴,却舀水洗烂脚,再涂上草药,弄得浓血水遍地皆是,脏臭难闻。和尚用毕,也不道谢就走了。老人这才要去洗碗,奇迹出现了,白瓷碗中长出一朵白莲花,干枯的草药又重新复活了。老人忙去追赶,见和尚还在前面慢慢走着,上前问道:"师傅烂疮可好否?"和尚说:"全好了。"边说边掎起裤脚让老人观看。老人伸手去摸,和尚眨眼间却无影无踪了。

普陀山曲折的海岸形成了许多海湾,岸边的沙滩洁净柔细。最有名的是千步沙和百步沙。千步沙是岛上最大的沙滩,在几宝岭以北,长达一千五百多米平展辽阔,沙层丰厚,

图7-1 仙井庵

在几宝岭山脚下，离海不远处。庵院东南处有一口石井，深有一丈余，可沿石阶下去。里面寒气侵骨，井水清凉淡醇。相传战国时候葛玄，号仙翁者，曾在此炼丹。

沙质纯细，有"黄如金屑软如苔"的美称。海水涨潮时，碧浪飞瀑，声如惊雷，退潮时则细浪柔波，犹似珠练。诗云："千步堪留月，祥光散碧霞；远看金布地，近泛浪成花。水气云飞絮，波声雷驾车；慈航如可渡，此夜拟乘槎。"千步沙以北的山麓丛林中，有许多寺庙庵院。著名的有法雨寺、双泉禅院、杨枝庵、大乘禅院、常乐庵等。从千步沙东望，海面辽阔无垠，是观日出的好地方。所以，"千步金沙"成为普陀十景之一。

百步沙在几宝岭南，普济寺东，南北伸展三百余米，沙质与千步沙同样纯细。旭日东升，照耀沙面，皆成金色。从百步沙北望，有仙人井、朝阳洞、双亭等，百步沙南端有"师石"。所谓师石是峙立水边的一块巨大的岩石，虽历经风吹浪打却纹丝不动，故以"师石"命名，石壁上刻有"师石"二字。百步沙离普济寺古镇近在咫尺，四周景色秀丽，沙滩洁净，是夏季游泳的好去处，如今已辟为海水浴场。

图7-2 千步沙

在几宝岭朝阳洞以北，长1270余米，是本岛最大的
沙滩。沙面平展辽阔，沙质纯细，有"黄如金屑软如
苔"的美称。海潮拍岸，声如震雷，碧浪来如飞瀑，
退似珠练。

普陀山周围的海域，在历史上多以洋来命名，例如东南海域叫东大洋，东北海域叫汪大洋，西南海域叫莲花洋，等等。莲花洋的名称则与历史传说有关，如前所述，唐时日本僧人慧锷乘船经过多暗礁的西南海域，在风浪中误将暗礁认作铁莲花云云，莲花洋由此得名。普陀十景中有个"莲洋午渡"，说的是莲花洋风浪极大，中午涨潮时分，潮涌波滚，惊涛骇浪。而在风平浪静的黄昏，你能看到"珠林只在琉璃界，半壁红光见海霞"的瑰丽景色。

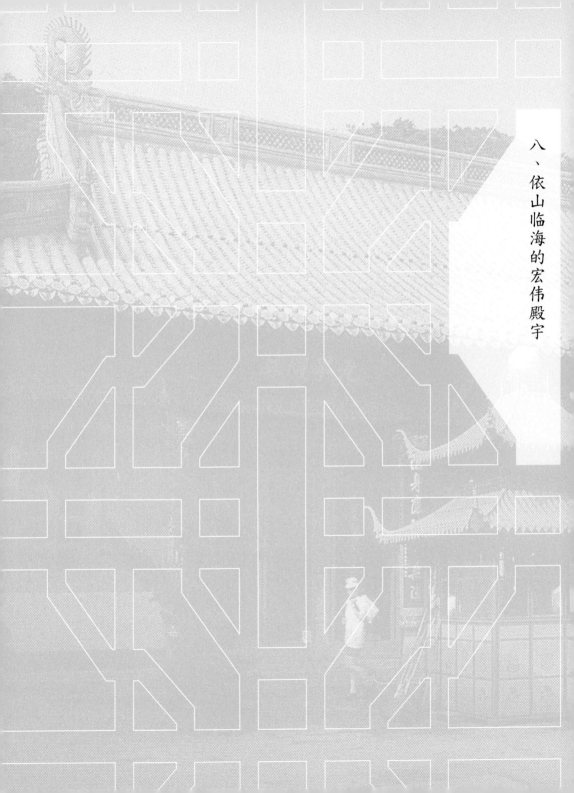

八、依山临海的宏伟殿宇

依山临海的宏伟殿宇

龛境 中国精致建筑100

普陀山为数众多的佛寺庵堂是经历了漫长的历史过程逐个建设起来的，其总体布局并不是一次性规划而成，寺庙庵堂是逐个择地兴建的。由于它始终有一个明确的主题："朝山面圣，祈福进香"，这便成为一条潜在的文化脉络，又以"海岛风光"作为环境背景，使全岛的规划布局成为一个有机的整体。

普陀山的佛寺与海岛环境的结合是非常成功的。突出海景一方面是由于南海观世音的传说，另一方面则由于得天独厚的自然条件。普陀海岛上自南至北的山脉将海岛大致分割为东西两部分，东部山势缓和，植被丰郁，山麓一带平缓舒展，前接宽阔沙滩。东南海域水质清澈，海面辽阔。西部则山势陡峭，山脚平地较狭，海湾多淤泥，冬有北风侵袭，自然景色大不及东南。这便是佛寺庵堂多分布在东南部的原因。从全山的总体布局来看，可以分为三个区，即前山区、中山区、后山区。

前山区以普济寺为核心，四周围绕许多禅院庵堂。寺的东侧有两条具有传统风格的商业小街。寺之西面可通梅岑峰、磐陀石、观音洞，往南可至短姑道头、南天门等处。东南方向不远处即是佛岛发祥地"不肯去观音院"，今仍有民居似的小庵院，这里还有潮音洞、望海亭等景点，构成了以普济寺为主体的前山景区。这一带从灵鹫峰麓起始，地势平坦，景色秀丽，视野开阔，其地理位置离古今码头较近，所以自古至今都是全岛重点发展的区域，是全岛宗教、文化、行政、服务的中心。

图8-1 普济寺天王殿/上图
是山门之后的第一座大殿，重檐歇山顶，面宽5间，28米余。殿内正中端坐弥勒佛，后立护法韦驮，两边是四大金刚。天王殿之东西两边是钟楼和鼓楼。

图8-2 普济寺圆通殿/下图
圆通殿位于天王殿以北，是前寺的主殿，也是岛上最大的殿宇。该殿体量宏大，造型古朴，结构明快。重檐歇山顶，黄琉璃瓦，殿前出月台，条石砌护，周围有雕刻精细的石栏杆。

图8-3 普济寺御碑殿藻井/上图
普济寺以殿的规制作为山门，显然使山门的等
级升高。殿中央康熙御碑上面的梁架间设置了
斗八藻井，由三层斗栱相承，每层出三跳，顶
部有木雕盘龙。

图8-4 普济寺圆通殿屋顶瓦作/下图
普济寺圆通殿之屋顶铺黄琉璃瓦，龙头脊。其
正吻龙头高1.10米，正脊镂空，戗脊置七尊走
兽，前置仙人。

普济寺创建于何时尚难确定，但正式称
"寺"则始于北宋神宗时。据《南海普陀山
志》记载：北宋神宗元丰三年（1080年）赐名
"宝陀观音禅寺"。此后历代所经历的坎坷与
整个佛岛基本相同。其现存之规模，大致为清
代康、雍两朝所奠定，主要建筑的形制、风格
自然也属清代的了。今普济寺的总体布局，有
着一条明显的中轴线。从山门起，沿着中轴线
依次为：山门、天王殿、圆通宝殿、藏经楼、
方丈殿（名"狮子窟"）等数座殿宇。次要殿
宇对称排列于两旁，加之院落两侧的厢房，形
成了规则的"伽蓝七堂"形制。除了沿中轴线
对称布局的殿宇厢房外，尚有数组寮舍各成院
落，分别坐落在主院落的东面或西面，为僧众
居住饮食、接待中外香客、办公和库房之用。

图8-5 法雨寺圆通殿
又称九龙殿，建于康熙年间，面宽七间，重檐歇山顶，
黄琉璃瓦屋面。下檐五踩斗栱，上檐九踩。殿内正中置
九龙藻井，系康熙三十八年经皇帝批准将南京明故宫旧
殿九龙藻井拆迁过来的。

全寺总建筑面积约9000平方米，占地面积3.7公
顷，其规模在江南各大寺院中也是屈指可数的。

山门外隔一条横向街道，前有一方海印池，
面积2000余平方米。池中央建有一座八角亭，
池东有永寿桥，系明代的石拱桥，南北纵跨池
中，为昔日入寺之通道。八角亭南为御碑亭，方
形平面，重檐歇山。亭中竖有雍正御碑，汉白玉
造。在御碑亭的南面和东面都有照壁。

中山区以法雨寺为核心。法雨寺位于几宝岭
以北，其东面是千步沙。法雨寺在普济寺的东北
方，两寺相隔五里许，沿途相继建造了不少禅院
庵堂。中山区不及前山区繁华，然而环境却极恬

图8-6 法雨寺圆通殿内观
音像
观音像为20世纪80年代之
新塑。形体端庄，神态含
蓄。大殿正中佛像之上方有
九龙藻井，因此该圆通殿又
有"九龙殿"之称。

图8-7 慧济寺大雄宝殿

慧济寺供奉佛祖释迦牟尼，大雄宝殿是该寺的主殿。
正院南面为天王殿，东西两厢为地藏楼、玉皇楼。

依山临海的宏伟殿宇

普陀山佛寺

筑境 中国精致建筑100

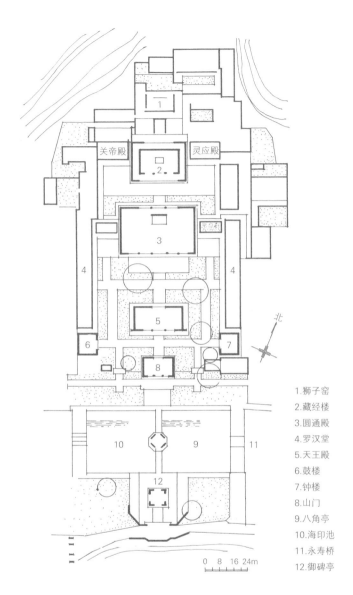

关帝殿

灵应殿

北

1.狮子窑
2.藏经楼
3.圆通殿
4.罗汉堂
5.天王殿
6.鼓楼
7.钟楼
8.山门
9.八角亭
10.海印池
11.永寿桥
12.御碑亭

0 8 16 24m

图8-8 普济禅寺总平面图

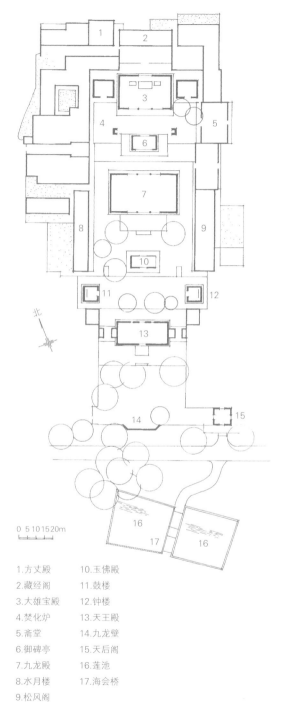

0 5 10 15 20m

1.方丈殿　　　10.玉佛殿
2.藏经阁　　　11.鼓楼
3.大雄宝殿　　12.钟楼
4.焚化炉　　　13.天王殿
5.斋堂　　　　14.九龙壁
6.御碑亭　　　15.天后阁
7.九龙殿　　　16.莲池
8.水月楼　　　17.海会桥
9.松风阁

图8-9 法雨禅寺总平面图

静。法雨寺建在锦屏山麓，依山建寺，层台叠筑，气势磅礴。寺隐于古樟林中，遥对千步金沙，山林清幽，海涛澎湃，突出了海与寺的密切关系，这是法雨寺的环境特点。

法雨寺的主要殿宇沿中轴线坐落在六层台地上。寺前有照壁，原为精雕砖壁，上书梵文六字真言。今为九龙壁，石雕新作。照壁之东是天后阁。从玉堂街而来的香客过海会桥，穿古樟林，从东面的天后阁入寺。天王殿是中轴线上的第一座殿宇，重檐歇山，高踞重台之上，面对照壁，气势巍峨。天王殿两侧各辟山门，规划紧凑，尺度适中，主次分明。进入山门即为大小不同的院落层层递进，逐院升高，依次有玉佛殿、圆通殿、御碑殿、大雄宝殿、藏经阁。其中圆通殿最大，建在凸字形的台阶上。台阶宽阔，围以石栏，栏板上雕刻着二十四孝民间故事，是浙江东南一带石刻手法。台阶正中出垂带踏阶，当中的斜面石板上雕刻着云龙图案，叫作御路。院内两株逾百龄的古银杏树，虬枝茂叶，荫蔽阶宇，干挺冠圆，生机盎然。圆通殿之后的院落以大雄宝殿为主体建筑，前面有体量小巧的御碑殿作为前奏。大雄宝殿为重檐歇山顶，体量虽不及圆通殿，却因高踞台地之上，前有御碑殿，左右配以准提殿、伏魔殿为其朵殿，令人感到雄伟壮观。殿内供奉释迦、药师、弥陀三尊佛像。

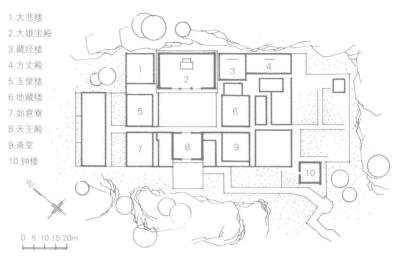

1.大悲楼
2.大雄宝殿
3.藏经楼
4.方丈殿
5.玉皇楼
6.地藏楼
7.如意寮
8.天王殿
9.斋堂
10.钟楼

0 5 10 15 20m

图8-10 慧济禅寺总平面图

　　我们可以从三大寺的关系上来看，普济寺只设圆通殿而没有大雄宝殿，礼佛者在这里拜谒观音，佛顶山的慧济寺只有大雄宝殿而不设圆通殿，礼佛者在这里拜谒佛祖释迦牟尼，法雨寺位于中间，作为佛教礼仪上的一个过渡，礼佛者在这里先拜观音，再拜释迦，最后登上佛顶山拜见佛祖释迦牟尼，使礼佛者"见到菩萨方能见佛祖"的心理得到满足。

　　慧济寺坐落于佛顶山主峰白华顶（又称菩萨顶），隐于山林，藏而不露。该寺是由庵院演变而来，总体布局仍不免有庵院遗风。其主体建筑以大雄宝殿为中心，坐北朝南，殿内供奉佛祖释迦牟尼，左右陪衬以二十诸天菩萨。另有藏经楼、大悲阁等与大雄宝殿横向排列。其主体院落是以天王殿、大雄宝殿和东西配殿围合而成的四合院。除主院落外，分别由藏经楼、大悲楼、方丈、僧寮、客寮，以及钟楼等建筑各自组成大小不同的院落，以满足各种用途。

九、翠荫掩映的庵堂禅林

普陀山除三大寺外，尚有为数可观的禅院、庵堂。这些建筑虽然名称不同，并有不同的等级和隶属关系，但其建筑的布局、形制、质量标准却没有明显的区分。这类建筑最初建造时往往都称庵，随着历史的发展，易名而成。禅院、庵堂的布局是分散的，除了海岛的北部和西北部，几乎各处都有。这些分散的庵院，有的位于山顶、有的位于山坡、有的位于山脚，多背山面海，隐于苍翠山林之中，以灵活的布局形式与海岛自然环境紧密结合，并由香道串联起来。

灵鹫峰麓普济寺一带地势较平缓，围绕寺的四周历代建造了许多庵院，如息来禅院、洪

图9-1 息来禅院山门
山门呈八字形，是一座砖雕牌楼门。雕刻精细，图案秀美，可谓浙江砖雕之上品。

图9-2 磐陀庵入口/对面页
普济寺西侧庵院很多，这一带广植香樟和沙朴，树龄多在百年以上，树冠相接，遮天蔽日。据统计，岛上现存的大樟树，树龄在百年以上的有一千一百余棵。

图9-3 普慧庵
庵院内有一株巨大的古樟树，主干周围有6米多，
据推测已有九百年高龄，可谓宋代的遗老了。

筏禅院、莲花庵、文昌阁、磐陀庵、普慧庵、积善堂、报本堂、承恩堂、三圣堂、天华堂、百子堂等。

息耒禅院在普济寺西，习称息耒院，旧名息耒庵，是清朝康熙年间的心明和尚为师傅潮音禅师建造的，是潮音禅师年迈谢事之后的寄息之所。息耒院平面呈狭长形，山门朝南，南低北高，纵长百余米，分前后两部分。前面的殿宇依次为山门、前殿、万寿殿，后院为僧人居室和客房。山门呈八字形，是一座砖雕牌楼门，雕刻精细，图案秀美，可谓浙江砖雕之上品。后院为四合院江南民居形式，地面高出前院3米多，院内植佳木数株，如百年蜡梅、罗汉松等。

息耒禅院以西有磐陀庵，明代创建，入口照壁上有董其昌手迹"磐陀庵"三字。磐陀庵建造在梅岑峰麓，这里正是通往磐陀石、梅福庵、观音洞庵的西香道的起点。磐陀庵的入口做得十分巧妙，位于东南角，从路边沿着树荫下的石板路下数级石阶，可见书有"磐陀庵"的照壁，再迂回下石阶，过小院入圆形月门便豁然开朗，眼前是清波涟漪的放生池，称作洗心池，呈半圆形，池面宽广，池边围以石栏，古朴苍拙。院内古樟蔽日，清幽恬静。庵院建筑在放生池以北，呈中轴对称的四合院形式。

图9-4 观音洞庵

始建于清雍正年间，后代屡有扩建。庵址在山坡狭长地带，入山门经过一个4米宽70余米长的院落，进二山门到达主院。院东为圆通主殿，院北为山崖石洞，即观音古洞之所在。

从磐陀庵门前沿西香道往梅岑峰上行，山腰间竹丛中有一条曲折石径，通往普慧庵。庵前古樟，冠广径粗，极为罕见，主干周长达6米许，据推测已有900年高龄，可能是宋代时候种植的。

沿西香道登上梅岑峰，可达梅福禅院，旧名梅福庵。梅福庵位于梅岑峰却不占峰顶，它背依峰顶山石，隐于丛林间。古诗曰："鸟道薜荔间，逶迤几千尺。林端出青光，隐隐露屋脊。"诗句十分贴切地道出了庵院建筑与深山幽林的融和关系。庵的总体布局呈基本对称的四合院，主殿大雄宝殿面向东南。出主院西北角门，有狭长小院，院侧石壁上刻有"灵佑洞"三字，相传这里就是梅子真炼丹处。

从梅福禅院西行，路沿山脊转下，可抵岛的西南端，观音洞庵即建造在这里的山坡上。庵址在山坡狭长地带，入山门向西要经过一条沿等高线伸展的道路，北侧依山建有黄色墙垣，上书："南无观世音菩萨"，长达70余米。路的南侧护以石栏，人们经过这里，可以少事停留，凭栏远眺，海阔天空，心旷神怡。前行进入二山门即为主院。主院地势较高，院北为山崖石洞，洞深7米许，呈环状，洞内幽幽冥冥，寒侵肌骨，清泉如珠，香雾袅袅。这便是著名的观音古洞了。

从普济寺沿着玉堂街往东，海岸景色秀丽，视野开阔，这一带建造了许多庵院，有的在山脚，有的在山腰，面对大海，隐于山林。

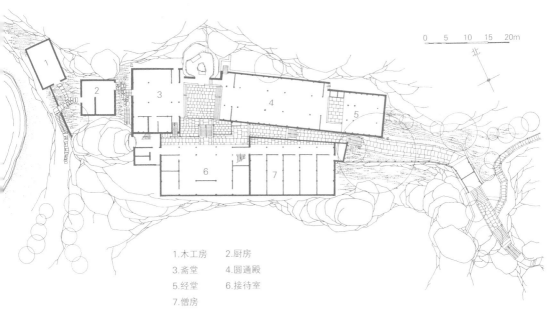

1.木工房　　2.厨房

3.斋堂　　　4.圆通殿

5.经堂　　　6.接待室

7.僧房

图9-5 观音洞庵平面图

庵址在山坡狭长地带，其布局极巧妙地结合了地形。从香道至庵院经过一个狭长的前院，仅4米宽却有70余米长，依山建有黄色墙垣，上书"南无观世音菩萨"。这是一个过渡空间，增加了宗教气氛。

从前寺小镇走上玉堂街不远，登上几宝岭南端低矮的山脊，可见仙人井庵低矮的墙垣从路边向海滩方向逶迤延伸，院墙里有传说中的仙人井。顺路下行至山脚，便是悦岭庵，依山邻海，藏而不露。庵院呈中轴对称四合院形式，坐西朝东，山门前有半圆形的放生池，名叫月印池，池周遍植香樟，挺枝拂云。从悦岭庵前行，在千步沙一带海岸的山麓，有鹤鸣庵、大乘庵、双泉庵、杨枝庵等著名庵堂，布局上结合自然环境，形式灵活多样。

大乘庵建筑群是严格对称的四合院形式，但它的庵门设置方式却别具一格。自玉堂街沿着两三米宽的小路前行百余米才可抵达。入庵门，有一条三四米宽的巷弄，曲尺形，巷两侧砖墙高2.5米，整条巷弄长达70余米，使庵院显得深邃幽静。入院，豁然开朗，圆通殿呈现眼前，左右两侧有重檐二层楼厢房衬托。

双泉庵位于山坡，面临千步沙，石阶路顺山坡修筑，长数十级。登上石阶，放眼望去，苍天碧海，波光粼粼，洛迦小岛清晰可见。庵前林木繁茂，自路边隐约可见黑瓦白墙，素雅清秀似江南民居。

梵音洞庵在岛的最东端，始建于明代，法雨寺住持僧寂住退休之所。梵音洞一带丛岩洞壑地势险峻，此庵巧借地形，殿宇布局高低有致。现在的庵院建筑是1982年重建的。

图9-6 大乘禅院平面图

普陀山的庵院布局均巧妙地结合了地形，但其主院的格局却又极相似，多以正殿为主体，其左右或配廊屋，或建楼房，组成三合院、四合院，与江南民居极为相似。大乘禅院的山门结合了一条长长的巷弄，增加了禅院的深远感。

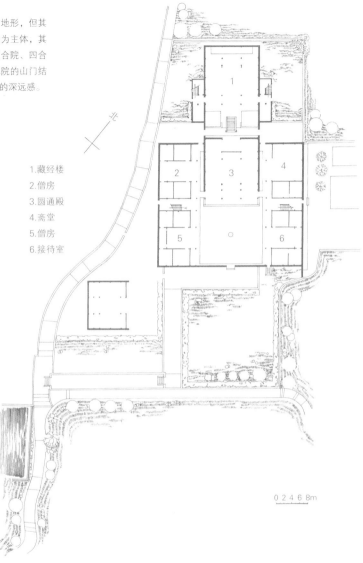

北

1.藏经楼
2.僧房
3.圆通殿
4.斋堂
5.僧房
6.接待室

0 2 4 6 8m

从海岛南端短姑胜迹沿玉堂街上行，路西有白华庵。白华庵坐落在雨华峰南麓，距离海滩仅数百步，背依葱郁的山岭，面对鲸波碧涛。庵址地形十分陡峭，山门位于路边，主要院落建造在高处平地，前后高差达8余米。主要殿宇有白衣真应殿、大悲阁，两侧无厢房而建廊庑。

隐秀庵也在妙庄严路之西，隐于白华山岙，四面山林围绕，可谓"林深谷幽，不闻潮声"，虽与白华庵相隔咫尺，却别有一番境界。

翠荫掩映的庵堂禅林

筑境 中国精致建筑100

图9-7 梵音洞庵
庵建造在梵音洞上，此处离前寺6.7公里，是岛的最东端，环境特别幽静。早在明代就建造了庵院，当时是为法雨寺住持僧寂住退休之所。现在的庵院建筑是1982年重建的。

十、佛家与民间艺术的荟萃

我国的佛寺庵堂原本就与世俗间的官宅民居有着内在的"血缘"关系。"寺"这个词本是"官舍"的意思，如前所述，最初的佛寺是由"官舍"改建而成的。因此寺的总体布局用中轴对称、伽蓝七堂的格局，与官舍无大的区别。就建筑物的形制而言，中轴线上等级较高，两侧厢房等级较低。佛殿僧舍的基本造型和结构也都是来自世俗建筑。

普陀山以普济、法雨两寺的规模为最大，其中轴线上的主要殿宇几乎都是歇山式的，这不仅形成了建筑群的雄伟气势，而且，歇山式是官式建筑中等级较高但又不是最高的，我国的佛寺中凡属重要殿宇多采用这种形式，因为它的形制总不能超过皇家殿宇。除了歇山式殿宇之外，其余建筑几乎都是硬山式的，这与普陀一带地方民居形式是一致的，其原因也许与海上台风有关。

禅院、庵堂是岛上为数最多的一类建筑，小则三间的茅篷，大则数百间的禅院，它们在建筑上的一个突出的特点，就是以江南民居的形式建造。就像汉代中国最早的佛寺脱胎于官舍，其布局格式的沿用却因为这种格局正适宜佛教礼仪和寺庙生活需要，江南民居形式的禅院庵堂可以看作是佛家僧人在与民间的交往中，对传统民居建筑艺术的偏爱。佛家庵院也做得似江南民居般巧于因借地形、密切结合自然，创造安详静谧的环境。造型上也颇具民居风格，往往是黑瓦白墙，掩于林木之间，简洁明快，素雅清秀，这些正是佛家所需要的。

图10-1 普济寺圆通殿斗栱大样

普济寺使用斗栱的建筑有三座：海印池上的雍正御碑亭、康熙御碑殿（山门）、圆通殿。斗栱的使用与建筑物的等级有关。圆通殿的上檐用九踩斗栱，下檐为五踩。

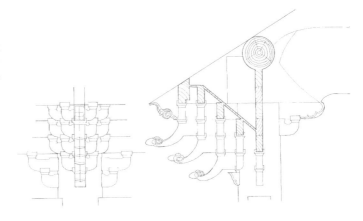

图10-2 观音洞圆通殿立面图

普陀山的庵院不仅在布局上采用江南民居的形式，而且就屋宇之单体建筑来看，也几乎与民居一模一样。这里多采用硬山式而不用悬山式，当地居民也是如此，可能与海岛多风有关。

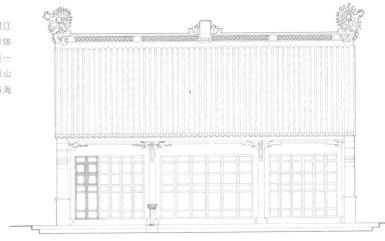

图10-3 福泉庵大殿地面石雕
莲花是普陀山用得最多的装
饰题材，也许是取其"出淤
泥而不染"之义来象征佛家
所需的超尘脱俗。雕工精
细，花姿生动，可见浙江石
雕工艺之一斑。

普陀山佛教建筑与民间建筑艺术的密切关系还表现在建筑细部的制作与装饰上，技术娴熟的能工巧匠带来了特点鲜明的民间传统技艺，使这里的佛教建筑更加精美典雅。

浙江盛产石材，花岗石、大理石、青石、砂岩等蕴藏量极为丰富，是建筑创作的良好材料。大自然的赋予使这里的工匠们很早就掌握了石材加工的技艺，积累了丰富的经验。浙江青田、温岭、丽水等诸多地区，在石材加工方面达到了极高的水平。浙江各地的能工巧匠把他们的技艺带到了普陀山，使普陀寺庙庵堂的建筑石雕精美多姿。例如石牌坊、石门、石亭、石塔、石幢等建筑，以及台基、栏杆、柱

图10-4 福泉庵大殿轩大样

普陀山庵院内的主要建筑之前檐多用廊轩的形式，有极精细
的木雕装饰。廊轩出檐一般由廊柱伸出挑木，以承托檐橼，
这种出檐支撑构件江南称之为"雀宿"，是雕饰的重点部
位，极富装饰效果。

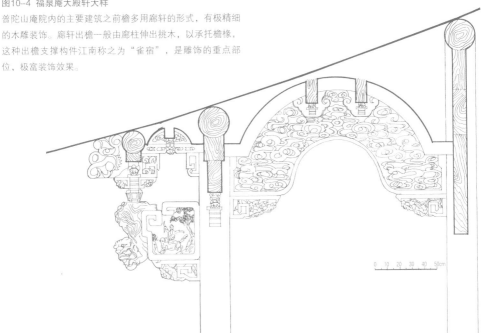

础、梁枋等石构件，甚至筑路修桥也运用了精
美的石雕。从短姑道头至普济寺小镇的妙庄严
路是一条石板路，每隔数十步镶有一块方形石
板，上面的浅浮雕以莲花为主题，花姿生动，
造型各异，庵堂禅院的石板路也是如此；普济
寺圆通大殿的石栏杆，雕刻大方，造型朴实；
息耒院、梅福庵山门砖雕与石雕相结合，刻工
精细，造型大方，虽为近代之作，但仍具有鲜
明地方特色。

　　普陀山古建筑门窗装修大部分已非原物，
但其做法多为明清时常见的槛窗与隔扇形式，
普济寺圆通殿、御碑殿（山门）的隔扇即是佳
例。看其刀法娴熟、深浅有致，姿态生动、层
次分明，显系出自浙江东阳"木雕之乡"匠师

佛家与民间艺术的荟萃

筑境 中国精致建筑100

图10-5 梅福禅院大殿正吻
"龙"作为装饰题材在普陀
山佛教建筑中被广泛采用。
台阶的栏板、御路、门窗
雕饰、天花藻井、屋顶的
正吻、垂兽等，莫不冠以龙
纹，而且"龙"的造型比较
自由。

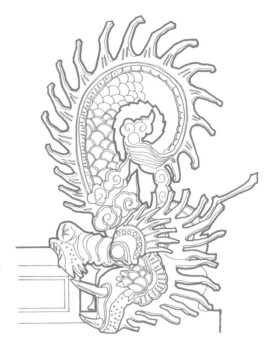

之手。木雕装饰还常用在梁架、廊、轩等部
位，一般以外观装修为主，做得比较精细复
杂，内部则较简洁。

　　"龙"作为装饰题材，在普陀山佛寺中被
广泛采用。例如台基的御路、栏板、门窗上的
雕饰、梁枋上的彩画、垂莲柱、屋顶的正吻、
垂兽等，往往都有龙的形象。在封建王朝中，
"龙"被视为天子的象征，龙的形象是不可以
随意使用的，要使用也必须经皇帝恩准。大概
是因为康熙皇帝敕赐了法雨寺的九龙藻井，使
普陀的寺庵普遍使用龙的装饰题材成为可能。
从地域上看，普陀山地处东海，为海岛仙山，
龙为海岛之祥物也是自然的了。龙的具体形象
的创造，例如屋顶正吻使用的卷龙装饰，表现
出当地工匠特有的造型手法。

十一、普陀胜景　诗情画意

图11-1 佛顶山慧济寺

佛顶山又称白华顶、菩萨顶，慧济禅寺的所在地。这里是普陀山岛的最高处，海拔291米。湿润的海洋性气候使这座高耸的山峰常常云雾缭绕，故有"华顶云涛"景观。登白华顶观看云涛，以秋季为佳。

千百年来普陀山作为佛教胜地驰名天下。普陀海岛以它优越的地理位置和诗情画意的自然环境吸引佛家僧人来山建庙，念佛咏经，终于成为"海天佛国"而为世人所知。它的成名又吸引了文人墨客、达官贵人乃至皇帝来山，留下了诗文墨迹，成为感人的人文景观，增添了海岛环境的魅力。

古人对普陀胜景的总结，各有己见，见地殊多。明代戏曲家、文学家屠隆曾诗咏普陀十景：一、梅湾春晓，二、茶山夙雾，三、古洞潮音，四、龟潭寒碧，五、天门清梵，六、千步金沙，七、莲洋午渡，八、香炉翠霭，九、洛迦灯火，十、静室茶烟。

清代康熙年间，裘琏编普陀山志，记有普陀十二景：一、短姑胜迹，二、佛指名山，三、两洞潮声，四、千步金沙，五、华顶云涛，六、梅岑仙井，七、朝阳涌日，八、磐陀

图11-2 海印池

海印池是普济寺前的放生池，东西76米，南北32米。池
中央建八角亭一座，池东有永寿桥，系明代的石拱桥。

普陀胜景 诗情画意

◎ 筑境 中国精致建筑100

夕照，九、法华灵洞，十、光熙雪霁，十一、宝塔闻钟，十二、莲池月夜。裘琏认为这十二景是选择了普陀最佳的景观，题意也最贴切。

古人所说的普陀十景或十二景，是按当时历史条件下海岛的景观特征总结出来的，各有侧重。以今人之见，有的不甚贴切，有的徒留虚名，有的则因时代的发展、环境的变化而不复存在了。当代所流传的普陀十景如下：

（一）梅湾春晓：梅湾一词取自梅岑，泛指普陀海岛。初春，岛上青山叠翠，生机盎然，海中渔舟竞驶，鸥鸟翔集。诗云："梅花万树满前湾，仙尉于今丹灶闲。春色自来还自去，何曾一片落人间？"

（二）莲池月夜：莲池指普济寺前的海印池，满植荷花而得名。荷花，佛家称莲花，是清高圣洁的象征。盛夏，海印池荷花的清香沁人肺腑，月夜欣赏，更加楚楚动人。诗云："水满波澄月色明，幽香遥拂晚风清。勿惊身在莲花上，更待何年说往生？"

（三）华顶云涛：华顶，即佛顶山之顶。华顶观云涛，以秋季为佳。云浪滚滚，孤峰如岛，人行其间，若隐若现，景移其中，若有若无。有诗赞曰："不用旃檀燃佛火，晓来岚气自生烟。"

（四）光熙雪霁：光熙即光熙峰。宁静的冬日，雪后登山，俯瞰群峰，银装素裹，别

图11-3 莲花洋／上图
普陀山西南海域。这里是普陀行船至沈家门、
舟山及大陆各地的必经之处。无论是风平浪静
还是碧波惊涛，景色变幻，都富有诗意。

图11-4 磐陀石／下图
在梅岑峰西端，有一片平广微突的山岩，上面
一块巨大的岩石呈盘状，高2.7米，体积40多
立方米，相连处不足1平方米，险若欲坠。上
面刻有"磐陀石"三个大字，另有"金刚宝
石"、"大士说法处"等题刻。

有一番意境。诗云："千仞冰霜皎，晴光豁两眸。余辉凝宝地，寒焰动珠楼。玉累孤峰顶，花开万树头。独传梅信早，岭外暗香浮。"

（五）朝阳涌日：此处指朝阳洞，滨海朝东，是岛上观日出的最佳处。古人对朝阳洞观日出那沧海衬托、银波涌日的壮观有极生动的描述。在天气极晴朗时你若拂晓临洞，可以看到这样的情景："金霞缕缕，间以青色，日轮欲起，如金在熔，摩荡再三，始升天际。"

（六）莲洋午渡；莲洋即莲花洋，指西南海域，是行船至普陀的必经之处。莲花洋常有风浪，午潮时的莲花洋，潮涌水涨，惊涛骇浪劈空而来。唐朝时候的日本僧人慧锷东渡回国，就经过这里。

（七）磐陀夕照：磐陀即磐陀石。在红日西沉，苍烟暮霭之时，登上磐陀石，可看到"海上渔船归欲尽，此石犹带夕阳红"的画面。

（八）茶山夙雾：茶山是多雾的，山岛上的茶山在日出之前，雾气缭绕着，嫩绿的茶叶上沾满了露珠，晨风清新而湿润，雾霭中的青山绿树别有一番诗情画意。

（九）千步金沙（见第七节）。

（十）两洞潮声：指潮音洞、梵音洞（参见第六节）。

大事年表

朝代	年号	公元纪年	大事记
唐	大中年间	847—860年	有天竺（古印度）僧人来山，在潮音洞前朝拜观音菩萨
	咸通四年	863年	日本僧人慧锷携观音像东渡回国，在普陀海面遇风，遂留下观音像，是为不肯去观音院的由来
五代	后梁	916年	修建"不肯去观音院"
宋	乾德五年	967年	赵匡胤派太监来山进香，首开朝廷降香普陀山之先
	元丰三年	1080年	朝廷赐银建宝陀观音寺，弘扬佛教之律宗
南宋	绍兴元年	1131年	宝陀观音寺住持真歇禅师奏请朝廷，易律为禅。从此，全山寺庵皆属禅宗
	嘉定七年	1214年	宁宗赵扩赐额"圆通宝殿"，指定普陀山为专供观音之场所
元	元统三年	1335年	帖睦尔之子宣让王赞助建造多宝塔，亦称太子塔，为普陀山现存最古的建筑物
明	洪武十九年	1386年	实行海禁，命大将汤和焚寺遣民，共焚去殿宇300余间，仅留铁瓦殿一所，使一僧一仆守奉香火
	隆庆六年	1572年	五台山僧人真松来山光复佛事，修复殿宇
	万历八年	1580年	湖北高僧大智（名真融）在光熙峰下创建海潮庵，吸引了四方僧侣，扩大了普陀山的影响

朝代	年号	公元纪年	大事记
明	万历三十三年	1605年	皇帝颁发帑金两千两，遣太监张随重修圆通殿，赐额"护国永寿普陀禅寺"
清	康熙十年	1671年	实行海禁，普陀山又一次蒙受焚寺遣民之灾
	康熙二十八年	1689年	皇上颁帑金千两修寺，并赐额"普济群灵"予宝陀观音寺，赐额"天花法雨"予护国镇海禅寺。寺名也因此改为"普济寺"和"法雨寺"
	乾隆五十八年	1793年	僧人能积筹资扩建白华顶上的慧济庵，并改名为"慧济寺"
	光绪十九年	1893年	印光法师从北京南下，寄住法雨寺30余年，闭门研究佛经，造诣至深，著述有《印光法师》四册，影响极大
中华人民共和国		1957年	普陀山举行纪念释迦牟尼涅槃2500周年活动，全国13个省市的2744名僧尼和信徒前来受戒、听经。全山举行打"千僧斋"活动
		1988年	普陀山举行已断绝30多年的打"千僧斋"盛会
		1989年	普陀山举行庆祝寺庙修复开放十周年活动和首次方丈升座法会，妙善和尚荣登普陀山方丈宝座

图书在版编目（CIP）数据

普陀山佛寺／丁承朴撰文／摄影. —北京：中国建筑工业出版社，2013.10
（中国精致建筑100）
ISBN 978-7-112-15723-5

Ⅰ. ①普… Ⅱ. ①丁… Ⅲ. ①佛教–寺庙–建筑艺术–舟山市–图集 Ⅳ. ① TU–098.3

中国版本图书馆CIP 数据核字（2013）第189462号

◎中国建筑工业出版社

责任编辑：董苏华 张惠珍 孙立波
技术编辑：李建云 赵子宽
图片编辑：张振光
美术编辑：赵 清 康 羽
书籍设计：瀚清堂·赵 清 周伟伟 康 羽
责任校对：张慧丽 陈晶晶 关 健
图文统筹：廖晓明 孙 梅 骆毓华
责任印制：郭希增 臧红心
材料统筹：方承艺

中国精致建筑100

普陀山佛寺

丁承朴 撰文/摄影

中国建筑工业出版社出版、发行（北京西郊百万庄）
各地新华书店、建筑书店经销
南京瀚清堂设计有限公司制版
北京顺诚彩色印刷有限公司印刷

开本：889×710 毫米 1/32 印张：3 插页：1 字数：125 千字
2015年9月第一版 2015年9月第一次印刷
定价：**48.00**元
ISBN 978-7-112-15723-5
　　　（24314）